VORSICHT!
NICHT ÖFFNEN

GEFÄHRLICHE
EXPERIMENTE

NACH DEM
DINNER

Konzept von Angus Hyland
Illustriert von Dave Hopkins
Texte von Kendra Wilson
Übersetzung von Frederik Kugler

Laurence King Verlag

INHALTSVERZEICHNIS

WENN DER GASTGEBER
DEN KORKENZIEHER VERLEGT

DER
BEWEGTE
KORKEN

HILFSMITTEL
Weinflasche mit Korken, bequemer Schuh,
dicke Wand zum Schlagen

WIE ÄRGERLICH, WENN man mit einer guten Flasche Wein zu einem Dinner erscheint, und der Gastgeber den Korkenzieher verlegt hat. Vor allem, wenn er es mit Absicht getan hat. Kleiner Tipp an den Hausherren: Bringen Sie Ihre Gäste dazu, diesen Trick bei Ankunft auszuprobieren, und Sie stimmen sie direkt auf die weiteren Experimente des Abends ein – und können sie mit viel nützlichem Wissen nach Hause entlassen.

Entfernen Sie zunächst die Zinnfolie. Hochwertige Korken sind lang, aus einem Stück gefertigt und störrischer als Press- oder Synthetikkorken, was nur einer der Gründe ist, weshalb teure Flaschen in diesem Fall nicht die beste Wahl sind. Wählen Sie als Nächstes einen Schuh aus, der sich bewährt hat, z. B. einen Budapester. Turnschuhe, Ballettschuhe oder Stöckelschuhe sollten Sie hingegen meiden.

Stecken Sie den Flaschenboden in den Schuh. Der Schuh sollte vertikal und die Flasche horizontal sein. Nehmen Sie eine Position ein, die sich zum Öffnen von Weinflaschen eignet: Füße schulterbreit, Knie leicht gebeugt, Arme locker. Beachten Sie, dass es Ihre Konzentration und Ihr Gleichgewicht beeinträchtigen könnte, wenn Sie den anderen Schuh noch tragen oder bereits mehrere Flaschen auf diese Art geöffnet wurden.

Anfänger sollten mit Weißwein beginnen. Klopfen Sie den Absatz Ihres Schuhs in ruhigen, beständigen Bewegungen gegen die Wand. Nach etwa sechs Schlägen sollte sich der Korken sichtbar bewegt haben. Sobald über die Hälfte des Korkens draußen ist, können Sie den Korken manuell herausziehen.

Hoch
die
TASSEN

HILFSMITTEL

klamme Hand, Rotweinglas, guter alter Tafelwein

FINGERÜBUNGEN WIE DIESE sind wie Dehnübungen vor dem Training: sie machen Appetit auf kompliziertere Experimente. Diese Technik lässt sich von einem willigen Kind mit einem Glas Wasser vorführen – und später, wenn es im Bett ist, von den Eltern mit einem Glas Whisky, Port oder Wein zur Vollendung bringen.

Wählen Sie für jede verfügbare Hand das passende Glas: Eine optimale Kombination wäre ein robustes Weinglas (mit nicht zu dickem Rand) und eine klamme Hand, die feucht ist, aber nicht nass. Klebrig, aber nicht schmierig. Ein Portweinglas passt eher zu einer kleinen Hand, ein Whisky-Tumbler zu einer großen und ein Champagnerglas zu einer, die nicht davor zurückschreckt, langstielige Gläser zu zerbrechen, die gegebenenfalls eh schon Mangelware sind.

Der Trick ist, ein Vakuum entstehen zu lassen. Legen Sie hierfür Ihre feuchte Hand auf das Glas. Die Finger sollten nach unten zeigen. Üben Sie etwas Druck aus, um das Glas zu versiegeln, und heben Sie zügig alle Finger, sodass Ihre Hand ausgestreckt auf dem Glas liegt. Das Glas wird im Zuge dieser Bewegung an Ihren Handteller gesaugt und kann gleichzeitig angehoben werden, da der entstandene Unterdruck die Schwerkraft einfach ausgehebelt hat.

DRAUFGÄNGER

verwenden für ein länger anhaltendes Vakuum ein Trinkgefäß aus Pressglas, z. B. ein Schnapsglas, das Sie zur Hälfte mit Schnaps füllen. Zünden Sie den Alkohol an, blasen Sie ihn aus und drücken Sie direkt Ihre ausgestreckte Hand auf das Glas. Es wird sich dabei relativ fest ansaugen, lässt sich jedoch mit leichtem Ruck und sanftem *Plopp* wieder lösen.

WENN DER GASTGEBER
DIE SCHWERKRAFT AUFHEBT

WENN DER GASTGEBER EIN ÜBERFÄLLIGES DESSERT
HÄNGT, STRECKT UND VIERTEILT

DIE
GUILLOTINIERTE
BIRNE

HILFSMITTEL

reife Birne aus dem Garten, feine Schnur oder Faden, Kerze
oder langes Streichholz, ein oder zwei scharfe Messer

IM HERBST FALLEN die Birnen. Und wenn eine fallende Birne direkt auf geschickt arrangierte, geschärfte Klingen landen würde, wäre die klassische Kombination von Käse und Birne viel schneller zubereitet.

Die besten Birnen, zum Essen und um sie aus beträchtlicher Höhe fallen zu lassen, sind groß und prall. Birnen aus dem Supermarkt gehen auch, aber die geeignetsten Sorten kann man selten kaufen – sondern sind meistens so etwas wie eine mickrige Conference. Laden Sie die Person zum Dinner ein, die die Sorte Doyenné du Comice oder Williams Christ im Garten hat.

Wählen Sie ein perfekt gereiftes, stattliches Exemplar und knoten Sie ein Stück Schnur an ihren Stil. Bei einer perfekt reifen Birne sollte der Stil bei leichtem Druck am Ansatz etwas nachgeben. Ist sie jedoch zu reif und matschig, reißt der Stil samt Ansatz ab.

Hängen Sie die Birne so hoch wie möglich. Befeuchten Sie, wenn niemand hinsieht, die Unterseite der Birne in einem Glas Wasser und achten Sie darauf, wo die Tropfen landen. Markieren Sie unauffällig die Stelle – über diesem Punkt muss später das Messer schweben. Bitten Sie einen Ihrer Gäste, das Messer zu halten – mit der Klinge nach oben – und einen weiteren, mit der Kerze (oder dem Streichholz) den Faden anzuzünden, während Sie geduldig mit dem Teller in der Hand darauf warten, dass die Schwerkraft den Rest erledigt.

DRAUFGÄNGER

legen zwei Messer über Kreuz, wie in der Abbildung zu sehen.
Eine überreife Birne ist saftiger, leckerer und sorgt für mehr Sauerei.

TRIUMPH
des
PUDDINGS

HILFSMITTEL
heiße Puddingschale, großer Essteller,
drei saubere Gabeln, silberner Serviettenring

DES EINEN FREUD ist des anderen Leid. Wer kennt ihn nicht, den guten alten Kantinenpudding. Echte Kenner geraten beim Anblick in Ekstase und wissen sich sogar über die feine Körnung eines Grießbreis zu entzücken, wobei diese Art Connaisseur dann doch in der Minderheit sein dürfte.

Im 7. Himmel landet aber erst, wer den Seelentröster heiß verzehrt. Und wie jedes heiße Gericht, benötigt auch dieses einen Untersatz wie das hier abgebildete, elegante Modell. Seine Einfachheit begeistert, aber wie einfach ist es, es zu bauen?

Die heiße Puddingschale wird von einem ungeduldigen Koch gehalten, während sich der Gastgeber die Gabeln seiner beiden Sitznachbarn, seine eigene sowie seinen Serviettenring schnappt einen voll funktionsfähigen Untersatz kreiert: Man schiebe drei Gabeln durch einen Serviettenring, richte sie über Kreuz im selben Abstand aus und platziere die Zinken unter dem äußeren Tellerrand, der alsdann die Puddingschale trägt.

Nun geht es heissa hopsassa reihum. Der Gastgeber nimmt die heiße Schale, hält sie ungeduldig, während sich einer seiner Gäste die Gabeln, den Serviettenring und den Teller krallt und so schnell er kann das Zusammengebaute auseinander- und wieder zusammenbaut, bevor er die Einzelteile an seinen Sitznachbarn weiterreicht und selbst die Schale hält. Jeder Mitstreiter sollte mit Johlen und ablenkenden Kommentaren unter ungehörigen Druck gesetzt werden.

DRAUFGÄNGER
versuchen das Ganze mit heißer Suppe.

WENN DER GASTGEBER
EINEN DREIFUSS IMPROVISIERT

WENN DER GASTGEBER
DEN TISCH ABDECKT

TISCHLEIN
DUCK
DICH

HILFSMITTEL

eingedeckter Tisch, rutschige Tischdecke
(die nur in der Länge gesäumt ist)

MANCHE EXPERIMENTE KÖNNEN auch als Performance angegangen werden. In diesem Fall sollte der Gastgeber ein verhasstes Geschirrset besitzen, dessen Zerstörung zur Freude veranlasst. Ist dem so, kann jeder das Tänzlein wagen.

Diese Performance ist im Grunde ein Varietétrick von ungeklärter Herkunft und reicht wahrscheinlich bis zu Sir Isaac Newton zurück, der als Erster die Prinzipien der Trägheit erkannte. Objekte, stellte er fest, verharren immer an Ort und Stelle. Es sei denn, es sind äußere Kräfte am Werk, z. B. wenn ruhende Objekte von einer Katze umgeworfen werden. Will heißen: Auf einem Tisch befindliche Objekte neigen dazu, auch dann noch dort zu bleiben, wenn ihnen die Oberfläche, auf der sie stehen, entzogen wird.

Für einen sauberen Ruck sollte die Reibung minimal gehalten werden. Es empfiehlt sich eine seidige, rutschige Tischdecke. Bei rechteckigen Tischen sollten die schmalen Seiten der Tischdecke ungesäumt sein (es lohnt sich, das Tuch im Vorfeld anfertigen zu lassen). Die Tischfläche sollte absolut glatt und nicht, wie bei ausziehbaren Tischen, unterbrochen sein.

Bitten Sie Ihre Gäste um gebührenden Abstand, greifen Sie beherzt und mit beiden Händen nach dem Tuch (der schmalen Seite!) und ziehen Sie es mit einem einzigen, schnellen Ruck zum Boden hin weg. Und nicht vergessen: Übung macht den Meister.

DRAUFGÄNGER

legen das Tischtuch wieder unter, indem sie
die Anleitung genauso schnell und geschickt rückwärts befolgen.

DER
FLASCHENHEBER-
KNIFF

HILFSMITTEL

zylindrische Flasche mit „Schultern",
Strohhalm (aus festem Papier)

S IMPLE TECHNISCHE AUFGABEN können zu kniffeligen und klebrigen Angelegenheiten werden, wenn sie überstürzt angegangen werden. Dieser Trick funktioniert zwar genauso gut mit einer Bierflasche, Fans alternativer Getränke wie Limonade kommen hier aber auch auf ihre Kosten.

Stabile, buntgestreifte Papierstrohhalme eignen sich für diese Levitation am allerbesten.

Knicken Sie Ihren Strohhalm etwa 5 Zentimeter vom unteren Ende und führen Sie den Halm behutsam in eine leere oder fast leere Flasche mittlerer Größe. Sobald er aufklappt, wird er sich verhaken und einen einfachen Hebel bilden, der hält, solange er trocken bleibt.

Das Gewicht der Flasche verteilt sich auf die drei Punkte des Hebels. Der Teil des Strohhalms, der aus der Flasche herausragt (und den Sie halten), ist der Lastarm, der Teil in der Flasche der Kraftarm und der abgeknickte Teil, der den Ausschlag gibt, ist der Angelpunkt – der fixierte Teil, der die Kraft und die Last überträgt.

DRAUFGÄNGER

wissen, dass leichte, aber robuste Hebel auch schwere
Objekte wie vollere Flaschen heben können.

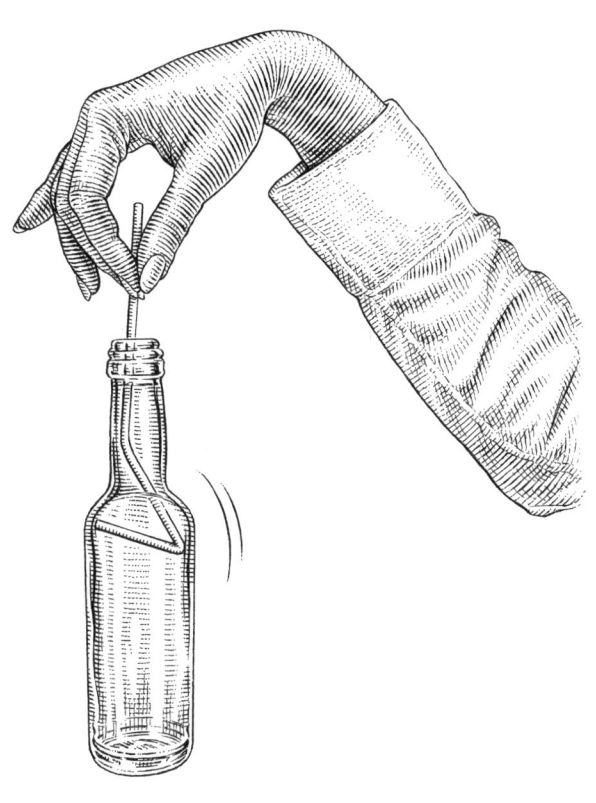

WENN DER GASTGEBER SOUVERÄN
EINE FLASCHE VON DANNEN TRÄGT

DER Sommelier
und der
SÄBEL

HILFSMITTEL

Champagner in einer dickwandigen Flasche,
langes, flaches Küchenmesser

MIT GEZÜCKTEM SÄBEL loszustürmen, war für einen Husaren aus dem 19. Jahrhundert mindestens so wichtig wie ein gepflegter Schnurrbart. Den napoleonischen Husaren, die bei jeder Gelegenheit die Flaschenköpfe rollen ließen, wurde die größte Joie de vivre nachgesagt. Heutige Gastgeber greifen jedoch seltener zum Säbel als zum Allzweck-Küchenmesser – das perfekte Hilfsmittel für die gelegentliche Sabrage.

Bei der Wahl des passenden Werkzeugs sollte man wissen, dass hier keine Waffe, sondern ein möglichst stumpfes Gerät weiterhilft. Ein Küchenmesser ist zwar weniger romantisch als eine Stichwaffe, dafür aber effektiver.

Kühlen Sie den Champagner, wobei der Hals am kältesten sein sollte. Gehen Sie zum Köpfen nach draußen und scharen Sie Ihre Gäste sicher hinter sich. Trocknen Sie die Flasche, entfernen Sie die Folie und den Drahtkorb und halten Sie Ihren Daumen auf den Korken. Suchen Sie nun nach der Längsnaht, die zu Ihnen zeigen sollte. Neigen Sie die Flasche in einem Winkel von circa 30° und halten Sie sie mit dem Daumen im gewölbten Flaschenboden.

Die stumpfe Seite des Messers zeigt zum Flaschenkopf. Lassen Sie es über die Naht zum Hals gleiten. Ziehen Sie das Messer mit kontrolliertem Schwung über den Hals hinweg – und verlieren Sie nicht die Nerven! Lassen Sie den Champagner kurz sprudeln, bevor sie einschenken, um eventuellen Glassplittern vorzubeugen.

DRAUFGÄNGER

trinken das erste Glas (nachdem Sie überprüft haben,
dass sich keine Splitter darin befinden)

WENN DER GASTGEBER
KURZEN PROZESS MACHT

WENN DER GASTGEBER
EINE WEINFLASCHE HEILIGSPRICHT

Kreiselnder
HEILIGENSCHEIN

HILFSMITTEL

leichter Serviettenring, eine oder zwei Flaschen Wein

KANN MAN EINE Dinnerparty ernst nehmen, wenn Papierservietten im Spiel sind? Vor den Bequemlichkeiten unseres Zeitalters wurden sogar Leinenservietten in Serviettenringen mit Verachtung gestraft, da sie auf die Ökonomie des Wäschewaschens verwiesen. Eingravierte Initialen oder, noch schlimmer, Nummern machten nur allzu offensichtlich, dass Servietten mehrmals benutzt wurden. „Ich erinnere mich, dass ich noch dazu erzogen wurde, Serviettenringe als vulgär zu erachten", bemerkte Osbert Sitwell in der zweiten Hälfte des 20. Jahrhunderts.

Doch die feine Gesellschaft von heute scheint sich ihrer Serviettenringe nicht zu schämen. Liegt die Serviette erst einmal blank, lassen sie sich nach dem Dinner ohne Weiteres zu Kreiseln umfunktionieren. „Was ist das?", soll König Georg V. gerufen haben, als er zum ersten Mal einen Serviettenring sah. „Das ist viel zu groß für meinen Finger." Tatsächlich hatte „das" genau die richtige Größe.

Platzieren Sie Ihren Finger in einen der Serviettenringe. Fangen Sie an, ihn schnell und gleichmäßig kreiseln zu lassen, und heben Sie den Ring in die Luft. Die Zentrifugalkraft wird den Ring wie einen Heiligenschein schweben lassen, indem er sich von Ihrem Finger wegdrückt und gleichzeitig der Gravitation widersteht, während ihn die Laufrichtung am Rotieren hält. Versuchen Sie, ihn so hoch kreiseln zu lassen, dass Sie ihn über einem Flaschenhals fallenlassen können.

DRAUFGÄNGER

stellen zwei Flasche Wein auf und lassen an jeder Hand einen Ring kreiseln, die sie gleichzeitig auf beiden Flaschenhälsen absetzen, ohne etwas umzustoßen.

DIE
GÜTIGE
FLAMME

HILFSMITTEL

50- bis 70%iger Alkohol, Geldschein, Zange (optional)

GELD AUS SPASS zu verbrennen, wirft so einige Fragen auf. Über diese Fragen zu sinnieren, lohnt jedoch kaum, da speziell präparierte Geldscheine mit einem Mantel der Magie vor dem Verbrennen gefeit sind.

Im Allgemeinen wird dieser Trick mit Wundbenzin vorgeführt, weil er effizient ist und einen Alkoholgehalt von um die 50 Vol.-% hat. Im Kontext eines Dinners findet man ihn allerdings eher selten. Trinkbarer Alkohol geht daher auch. Whisky, Wodka und Gin haben nur um die 40 Vol.-%, aber Alkoholika zwischen 50- und 70 Vol.-%, wie ein starker Grappa, Tequila oder Rum, funktionieren prächtig. Reiner Alkohol ist dagegen ZU stark, genau wie manche Absinthsorten.

Tauchen Sie einen Geldschein in ein Whiskyglas, das halb und halb mit Wasser und Alkohol gefüllt ist (geben Sie für mehr Effekt Salz hinzu; die Flammen werden dadurch gelb statt blau). Holen Sie den Schein mit einer Eiszange heraus und zünden Sie ihn an. Die Flammen werden sich über den ganzen Schein ausbreiten, und wenn sie erlöschen, wird der Schein nicht einmal heiß sein.

Die Zellulosefasern des Papiergeldes absorbieren Wasser, aber da Alkohol bei einer niedrigen Temperatur verbrennt, erlöschen die Flammen, bevor das Wasser verdunstet ist. „Plastik-" oder Polymer-Banknoten gibt es übrigens auch. Sie sollen sauberer, sicherer und stabiler sein – und bringen uns hier gar nichts.

DRAUFGÄNGER

lassen die Zange einfach weg.

WENN DER GASTGEBER
SEINE KNETE VERFEUERT

WENN DER GASTGEBER
OHNE STÜHLE AUSZUKOMMEN GEDENKT

LA
TABLE
VIVANTE

HILFSMITTEL
vier Gäste, vier Esszimmerstühle

AKROBATISCHE ÜBUNGEN KÖNNEN nach stundenlangem Essen (und Trinken) zur allgemeinen Erheiterung beitragen. Levitationen sind eine Möglichkeit, führen aber zu fragwürdigen Ergebnissen. Versuchen Sie es lieber mit *Dem Lebendigen Tisch*. Hierfür benötigt es vier Freiwillige. Testen Sie ihre Beweglichkeit, indem Sie sie bitten, die Krabbenposition einzunehmen: Hüfte und Schulter werden nach oben gestemmt, bis nur noch die Hände und Füße am Boden sind – das dürfte als Erklärung fürs Erste ausreichen.

Arrangieren Sie vier Stühle, als würden Sie sie an einen viereckigen Tisch stellen. Die Stühle müssen nah genug stehen, dass eine Person, die sich mit den Füßen auf dem Boden rücklings über den Stuhl legt, Schultern und Kopf beim Nach-hinten-Lehnen auf dem Nachbarstuhl ablegen kann. Bitten Sie nun Ihre vier Gäste, sich seitlich auf die Stühle zu setzen und sich nacheinander zurückzulehnen, bis alle Schultern und Köpfe auf den Knien der jeweiligen Sitznachbarn ruhen.

Einer der Zuschauer kann nun einen Stuhl nach dem anderen entfernen, ohne dass der menschliche Tisch kollabiert: Die kombinierten und ausgeglichenen Kräfte werden ihre Freunde halten. Wenn man die Schwerkraft herausfordert, sind eine gute Rücken-, Bein- und Bauchmuskulatur natürlich auch nicht zu verachten. Die Stühle können zu gegebener Zeit zurückgestellt werden, oder Sie beenden die Vorstellung, indem Sie die Gäste bitten, sich wie Krabben im Kreis zu bewegen.

DRAUFGÄNGER
mixen Cocktails, stellen das Tablett auf den menschlichen Tisch und laden Ihre Gäste herzlich ein, sich zu bedienen.

EIN EI
auf dem
Drahtseil

HILFSMITTEL

hartgekochtes Ei, Korken (nicht synthetisch),
zwei Gabeln, Weinflasche

S IE SIND IM ZIRKUS. Hoch über ihnen balanciert ein Seiltänzer in Strumpfhosen und Tutu, ohne die Sicherheit eines Netzes weit unter ihm und mal mehr, mal weniger horizontal einen Balancierstab haltend. Und jetzt stellen Sie sich vor, der Tänzer wäre ein aufrecht stehendes Ei. In Sachen Gleichgewicht sind sich die beiden nämlich gar nicht so unähnlich.

Statt eines Stabes kommen dem Ei jedoch zwei Gabeln und ein Korken zur Hilfe. Nehmen Sie zwei identische Gabeln und stechen Sie mit den Zinken links und rechts in den Korken, wobei das schmalere Ende nach unten zeigen sollte. (Ihre Kreation sollte nun aussehen wie ein geflügelter Korkenzieher.) Kerben Sie das untere Ende des Korkens mit einem Taschenmesser aus, damit sich das Ensemble harmonisch in die Unterseite des Eis fügt.

Stellen Sie das Ei (mit der Spitze nach unten) samt Korken und Gabeln auf den Rand der Flasche. Justieren Sie nach, halten Sie Ihre Hände ruhig – und schon dürfte das Ganze dastehen wie eine Eins. Der Schwerpunkt bei diesem Eiertrick liegt auf dem Rand der Flasche, auf dem sich das Gewicht der gesamten Apparatur verteilt. Kleiner Tipp: Wenn Sie das Ei in der Flaschenöffnung absetzen, macht das Ganze keinen Sinn.

WENN DER GASTGEBER
EIN EI IN DER SCHWEBE HÄLT

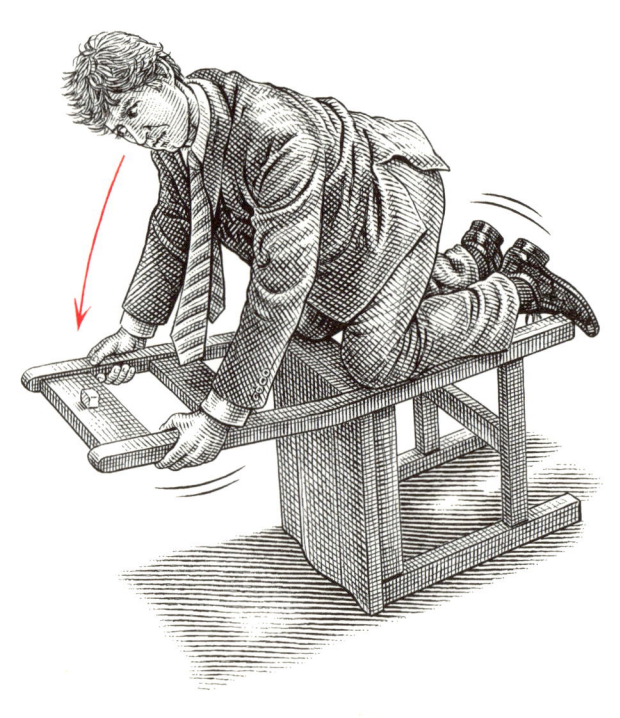

WENN SICH DER GASTGEBER
EINEN SPASS MIT GIERIGEN GÄSTEN ERLAUBT

Die Qualen
des
ZUCKERWÜRFELS

HILFSMITTEL

ein Zuckerwürfel, solider Stuhl mit hoher Lehne

FÜR DIEJENIGEN UNTER uns, die einen Mahagonistuhl von ihrer Omi geerbt haben, den sie sich nicht wegzuwerfen trauen, könnte folgender Trick seinen Zweck erfüllen. Alternativ können Sie aber auch einen gewöhnlichen Stuhl zum Einsatz bringen, insofern er solide genug ist und parallele Rückenstreben aufweist.

Einen Zuckerwürfel mit den Zähnen aufzunehmen, klingt vielleicht einfach. Aber wer sich an das Schokoladenspiel erinnert – bei dem man so viel Schoki essen darf, wie man möchte, aber erst, nachdem man Hut, Schal und Handschuhe angezogen, zu Messer und Gabel gegriffen und der nächste Spieler noch keinen Pasch gewürfelt hat –, dürfte wissen, wie unerträglich die Versuchung wird, wenn die Würfel fallen und einem die Schokolade immer wieder vor der Nase weggeschnappt wird. So nah und doch so fern. Es ist die Hölle und gemahnt uns an Tantalos in der Unterwelt, dessen Hybris ihn dazu verdammte, bis in alle Ewigkeit in der Nähe von köstlichen Früchten und Wasser auszuharren, ohne sie erreichen zu können.

In diesem Fall ist ein Zuckerwürfel das Objekt unserer Begierde. Kippen Sie einen Stuhl mit gerader, hoher Lehne nach vorn auf den Boden, sodass die Rückseite eine Art Plateau bildet. Platzieren Sie einen Zuckerwürfel auf der oberen Querstrebe und ermuntern Sie einen Freiwilligen, auf den Stuhl zu steigen, dabei die Schienbeine entlang der Stuhlbeine auszurichten und die Seiten der Lehne fest zu umklammern. Sobald sich der Freiwillige vorbeugt, kippt der Stuhl, der Zuckerwürfel rollt davon – und der Freiwillige fällt in einem dramatischen Bogen nach vorn. Und landet wahrscheinlich auf seinem Gesicht. Passen Sie auf die Zähne auf.

KERZEN-
QUADRILLE

HILFSMITTEL

Kerzen, schwere Kerzenhalter, Streichhölzer

AUF EINEM KNIE zu balancieren, könnte mit etwas Übung recht natürlich oder gar zenartig wirken. Doch erst eine kleine Feuerprobe gibt dieser fröhlichen Gleichgewichtsübung das gewisse Etwas. Achten Sie jedoch auf den richtigen Bodenbelag: ein Teppich ist Holz oder Stein bei Weitem vorzuziehen, und Linoleum war noch nie besonders attraktiv.

Zwei Teilnehmer knien einander gegenüber auf dem Boden, ziehen ihr rechtes Knie nach hinten und greifen mit ihrer rechten Hand nach ihrem rechten Fußgelenk. Eine dritte Person reicht ihnen eine Kerze in die linke Hand und zündet eine davon an. Kerzen in Kerzenhaltern (oder gar Kandelabern) lassen sich schwerer in die Höhe recken und sorgen dafür, dass die Dochte weiter voneinander entfernt sind – was das Spektakel umso aufregender macht. Brennt eine der Kerzen, besteht die Aufgabe darin, sich einander anzunähern und die Kerze des anderen anzuzünden, ohne dabei mit dem Knie den Boden zu berühren.

DRAUFGÄNGER

gehen einen Schritt weiter: sobald alle Kerzen brennen, bläst die dritte Person eine wieder aus. Die Knieenden müssen nun versuchen, die Kerze wieder anzuzünden, ohne die Flamme an den Docht zu halten. (Der Trick dabei ist, die Flamme an den Rauch zu halten und den heißen Kerzendampf – und damit den Docht – zu entzünden. Kleiner Tipp: Verwenden Sie ausschließlich Paraffinkerzen, da Bienenwachskerzen in diesem Fall nicht funktionieren.)

WENN DER GASTGEBER
NICHT LANGE FACKELT

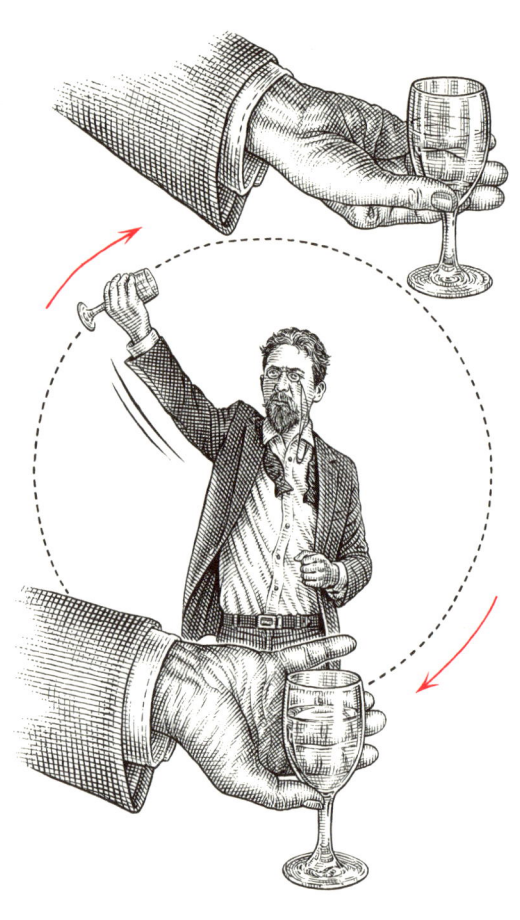

WENN DER GASTGEBER EINEN
WEINSELIGEN ZIRKELSCHLUSS VOLLFÜHRT

DIE
WEINREVOLUTION

HILFSMITTEL

Weinglas, Wein (oder Wasser)

BELIEBTE GÄSTE SIND mit ihrem Latein nie am Ende. Ausschlaggebend ist eine feine Auswahl lateinischer Phrasen und Vokabeln, wie *petere* (streben nach) und *fugare* (fliehen).

Der Trick besteht darin, ein Weinglas richtig zu halten. Greifen Sie nach einem halb vollen Weinglas, indem Sie Ihre Hand drehen, unter den Bauch führen und den Stil zwischen Daumen und Zeigefinger nehmen. Ihre Finger sollten am Glas und der kleine Finger über dem Glasrand liegen. Kreisen Sie nun Ihren Arm in einer gleichförmigen Bewegung, wie ein Pitcher beim Baseball.

Das Glas wird nach einer halben Umdrehung für kurze Zeit auf dem Kopf stehen. Und doch bleibt die Flüssigkeit, wenn Sie nicht ins Stocken geraten, im Glas, da sie sich nach dem Newtonschen Trägheitsgesetz in dieselbe Richtung bewegt wie das bewegte Glas: bewegte Körper bleiben in Bewegung, unbewegte Körper bleiben unbewegt, da die Kräfte ausgewogen sind.

Stellen wir uns den Mond vor, der die Erde umkreist und von der Gravitation zur Erde gezogen wird, einer zentri*petalen* Kraft (einer zum Zentrum strebenden Kraft, wie der Lateiner weiß), während er gleichzeitig von einer zentri*fugalen* Kraft (einer dem Zentrum entfliehenden Kraft) abgehalten wird. Und diese ausgewogenen Kräfte sorgen dafür, dass der Wein im Glas bleibt.

Am schwierigsten sind der Anfang und das Ende, wenn Sie das Tempo auf- und abbauen. Aber Übung macht den Meister, und nicht vergessen: *ars longa, vita brevis.*

DRAUFGÄNGER

verwenden Rotwein.

DIE
EIERSAUGENDE
FLASCHE

HILFSMITTEL

Karaffe oder Flasche mit großer Öffnung, hartgekochtes Ei,
Papierschnipsel und Streichhölzer

EIN SINNVOLLER VERGLEICH, wenn man über die
physikalischen Zusammenhänge von Eiern und Flaschen
grübelt, ist eine Person, die aus einem Flugzeug gesogen wird,
was mit dem Luftdruck zu tun hat. Die Luft in der Kabine wird
komprimiert, öffnet also jemand in einem Katastrophenfilm eine
Bordtür, wird er durch den höheren Kabinendruck nach draußen
gesogen, bevor er A sagen kann. Von B ganz zu schweigen.

Zurück zum Ei: Stellen Sie Ihren Timer auf 13 statt der üblichen sechs
Minuten und lassen Sie danach so lange kaltes Wasser in den Topf laufen,
bis das Ei kalt ist. Stellen Sie das Ei auf die Öffnung Ihrer Karaffe; es sollte
sich dort so wohl fühlen wie in einem Eierbecher. Nehmen Sie es herunter
und pellen es. (Ein bisschen Feuchtigkeit sorgt für mehr Zug und lässt
sich herbeiführen, indem Sie sich das Ei, wenn gerade niemand hinsieht,
in den Mund schieben.) Zünden Sie das Papier an, werfen Sie es samt des
Streichholzes in das Gefäß, setzen Sie umgehend das Ei auf die Öffnung –
und bestaunen Sie, wie die Flasche das Ei mit schierer Willenskraft in sich
hineinzusaugen scheint.

Durch das kleine Feuer erwärmt sich die Luft, dehnt sich aus und
würde entweichen, wenn da nicht ein Ei auf der Öffnung säße. Da es da
aber sitzt, herrscht in der Karaffe ein viel niedriger Luftdruck als außen,
sodass die Außenluft das Ei nach innen drückt.

DRAUFGÄNGER

drehen das Gefäß um, blasen hinein wie in eine Trompete,
und riskieren Ei im Gesicht, wenn es wieder herausploppt.

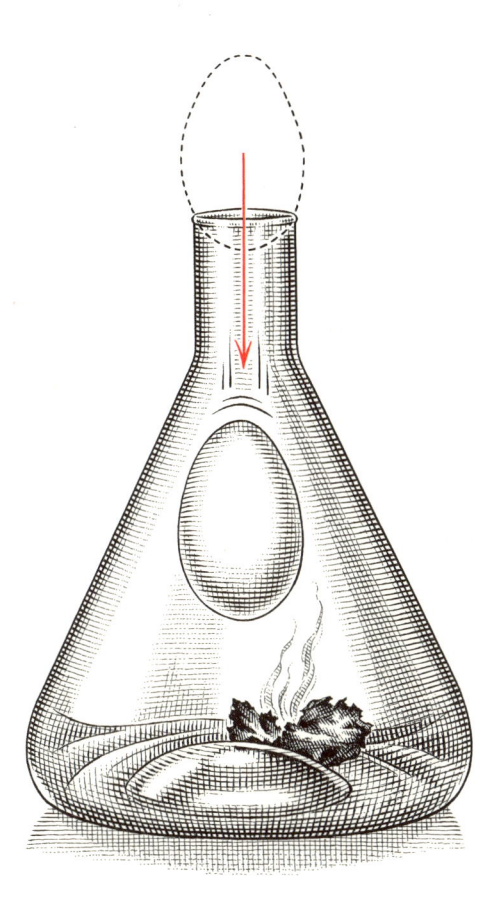

WENN DER GASTGEBER
EIN EI IN EINE FLASCHE KOMPLIMENTIERT

WENN DER GASTGEBER DER SCHWERKRAFT
EIN SCHNIPPCHEN SCHLÄGT

DAS
GLEICHGEWICHT
des
ZAHNSTOCHERS

HILFSMITTEL
Weinglas, zwei leichte Gabeln, Zahnstocher und Streichhölzer

IN SACHEN TISCHETIKETTE sorgte die Gabel erst spät für Furore. Bevor die feine Gesellschaft des 19. Jahrhunderts die Dinge unnötig verkomplizierte, indem sie etliche, leicht unterschiedliche Formen ersann, wurden Gabeln fast gar nicht benutzt. Sie eigneten sich zwar zum Kochen, aber was sollten sie bei Tisch schon leisten, das die Hände nicht vermochten?

Der hier beschriebene Schwebetrick verlangt nach zwei identischen Gabeln und eignet sich am besten für alle, die nie auf die Idee kämen, Tafelsilber zu verwenden. Der einzige Weg zu einem zufriedenstellenden Ergebnis – das da wäre, die Zinken beider Gabeln so ineinander zu verschränken, dass die langen Griffe in der Luft schweben –, führt daher über billige, leichte Gabeln.

Balancieren Sie die Gabeln, sobald Sie sie ineinander verschränkt haben, an der Stelle auf Ihrem Finger, an der sie sich kreuzen. Das ist auch die Stelle, an der Sie den Zahnstocher durch die Zinken führen, oder eher durchzwängen, bis er auf der anderen Seite wieder herauskommt. Balancieren Sie das lange Ende des Zahnstochers über den Rand des Glases, bis Sie seinen Drehpunkt gefunden haben. Sobald das Gravizentrum (der Punkt, an dem sich das Gewicht gleichmäßig verteilt) feststeht, wird Ihre Vorrichtung fröhlich vor sich hinbalancieren.

DRAUFGÄNGER
zünden das Streichholz im Glas an. Die Flamme erlischt, sobald sie das Glas berührt – und die Gabeln scheinen zu schweben.

DER
WHISKY-
BLUFF

HILFSMITTEL
zwei Gläser mit geradem Rand, Single Malt oder
Blended Whisky, eine versiegelte Karte

GENAUSO WIE DAS Gewicht und die Qualität eines Tumblers beim Trinken von Whisky – ob pur, on the rocks oder als Old Fashioned – berücksichtigt werden muss, gilt dies auch für die Gläser, die für dieses After-Dinner-Experiment benötigt werden. Das Nippen und Experimentieren kann ruhig parallel stattfinden, da nach dem Aufbau und einer ersten Welle der Konzentration der Whisky den Rest erledigt.

Füllen Sie einen Kristall-Tumbler randvoll mit Whisky und stellen Sie ihn auf den Tisch. Füllen Sie ein zweites, identisches Glas randvoll mit Wasser und decken Sie es mit etwas ab, das dünn und versiegelt ist, wie eine laminierte Karte oder Postkarte. (Bei einer dickeren Einladungskarte wäre der Abstand zwischen den Glasrändern zu groß.) Drehen Sie das Glas mit dem Wasser um und stellen es genau auf das erste Glas, sodass die Ränder aufeinanderliegen. Ziehen Sie die Karte behutsam ein Stückchen heraus, damit die Flüssigkeiten in Kontakt kommen können.

Da Wasser schwerer ist als Whisky, wird es nach unten fließen – und zwar auf visuell ansprechende Weise. Wenn das Wasser vollständig in das untere Glas geflossen und der Whisky nach oben gestiegen ist, sollten sich die Inhalte beider Gläser komplett ausgetauscht haben. Ein Mischung aus Whisky und Wasser ist zwar ein akzeptabler Drink, führt hier jedoch nicht zum gewünschten Ergebnis. Schieben Sie die Karte behutsam zurück, bringen Sie das Glas wieder in eine aufrechte Position – und Prost!

DRAUFGÄNGER
experimentieren mit seltenen Single Malts.

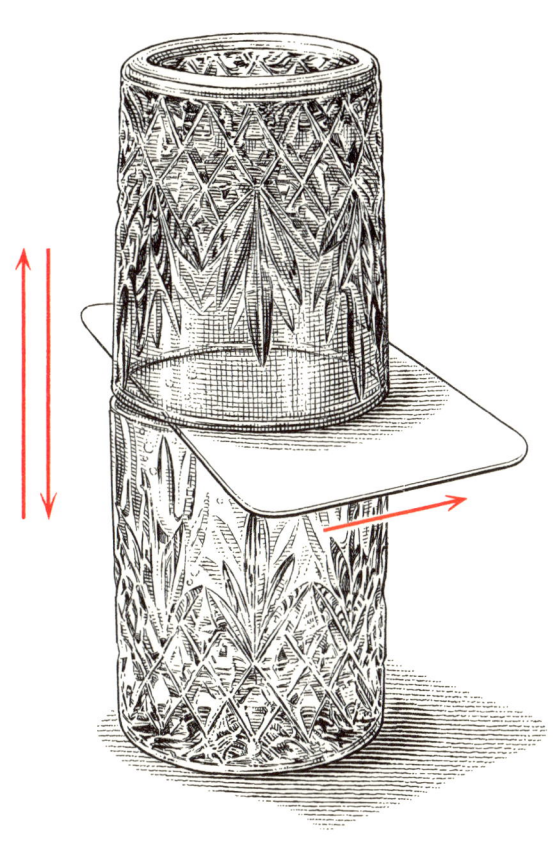

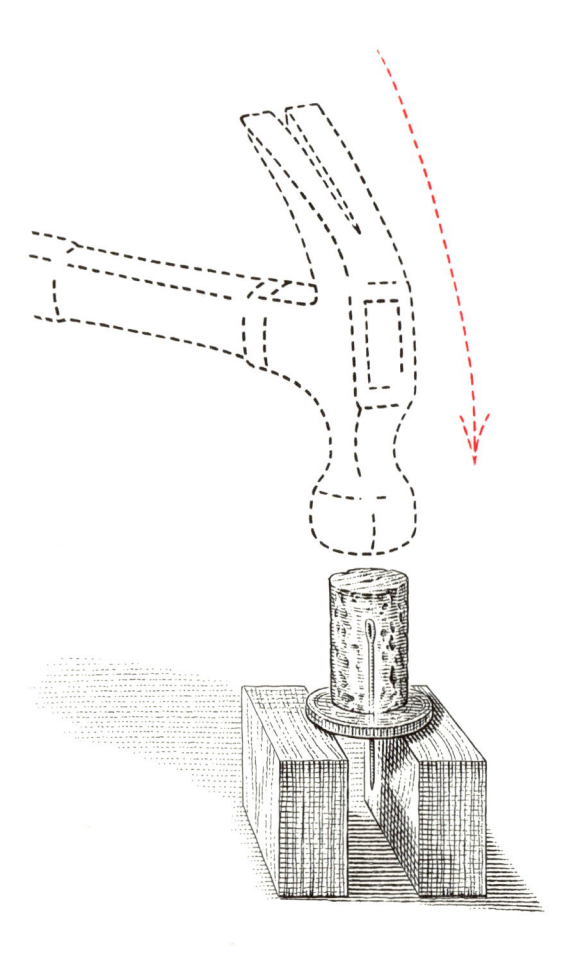

WENN DER GASTGEBER
DIE NADEL AUF DEN KOPF TRIFFT

DURCHBOHRTES
GELD

HILFSMITTEL
kräftiger Hammer, Nadel (100 % Stahl),
Korken und Auflage, legierte Münze (0 % Stahl)

HAMMER VERSCHWINDEN MEIST im Rahmen großer Aufräumaktionen, bevor die Gäste eintrudeln. Gehen Sie dennoch während des Dinners nahtlos zu einer Runde Hämmern über, indem Sie etwas auftischen, das einen Hammer benötigt, wie Krebse oder Hummer.

Die Herausforderung für Ihre Gäste besteht darin, eine Nadel durch eine Münze zu treiben. Was ganz einfach ist, wenn man sich mit Dichteverhältnissen auskennt – eine Stahlnadel weist nämlich eine weit höhere Dichte auf, als eine legierte Münze. Aber wie schafft man es, dass sich die Nadel beim Hämmern nicht verbiegt oder bricht?

Zwei Bauklötze sind die ideale Auflage. Zwei gleich dicke Bücher tun es aber auch. Stellen Sie sie in geringem Abstand nebeneinander auf den Tisch. Legen Sie irgendeine Münze darauf, nur keine 1-, 2- oder 5-Cent-Münze.

Suchen Sie vorab nach einer passenden Nadel – sie sollte oben und unten aus dem Korken herausschauen. Stellen Sie den Korken mit der Nadel auf die Münze und hämmern Sie fest, aber doch auch sanft drauflos. „Sanft" ist das Zauberwort, denn während der Korken mit jedem Schlag leicht zusammengedrückt wird, bleibt die Nadel gerade und treibt wie Butter durch die Münze.

DRAUFGÄNGER
nehmen die dickste ihnen zur Verfügung stehende Münze (stahlfrei).

GEBAUT,
NICHT
GERÜHRT

HILFSMITTEL
drei konische Champagnergläser, zwei Cocktailstäbchen,
eine Tischdecke für eine sanfte Landung

EINE GUT AUSGESTATTETE Bar offenbart einen
stockbetrunkenen Gastgeber, der weiß, dass man auf die
schönen Momente des Lebens mit viel zu selten verwendeten
Cocktail-Utensilien und ausgefallenen Zutaten anstößt. Gläserne
Cocktail- oder Rührstäbchen eignen sich zwar für akrobatische
Einlagen im Rahmen einer fancy Cocktailparty, zwanglose Gastgeber
verwenden jedoch auch halbierte Essstäbchen oder, wenn es die Gäste
plötzlich nach draußen zieht, natürliche Materialien wie Zweige.

Stellen Sie ein Champagnerglas mit einer weiten, konischen Öffnung
auf den Tisch und platzieren Sie ein Stäbchen oder einen Zweig darin.
Nehmen Sie ein zweites Glas und balancieren Sie es seitlich am Rand des
ersten Glases, bis es sich mit dem Stäbchen „verhakt" und frei schwebt.
Wiederholen Sie diesen Schritt, indem Sie ein drittes Glas auf der
anderen Seite in Position bringen.

Bei diesem Experiment geht es um mehr als einen Balanceakt: Es
offenbart uns die Funktionsweise eines Auslegers, sprich eines Balkens,
der an seinem freien Ende belastet wird. Das eine Ende des Stäbchens
verkantet dabei im Glas, während das andere Ende frei schwebt und eine
unwahrscheinliche Last zu tragen vermag – siehe Balkone, die Brooklyn
Bridge, schwebende Treppen etc.

VERWENDEN SIE NIEMALS PLASTIKBECHER – DAS WÄRE STILLOS

DRAUFGÄNGER
bauen mit noch mehr Stäbchen und Gläsern immer weiter.

WENN DER GASTGEBER
DIE LASTEN NEU VERTEILT

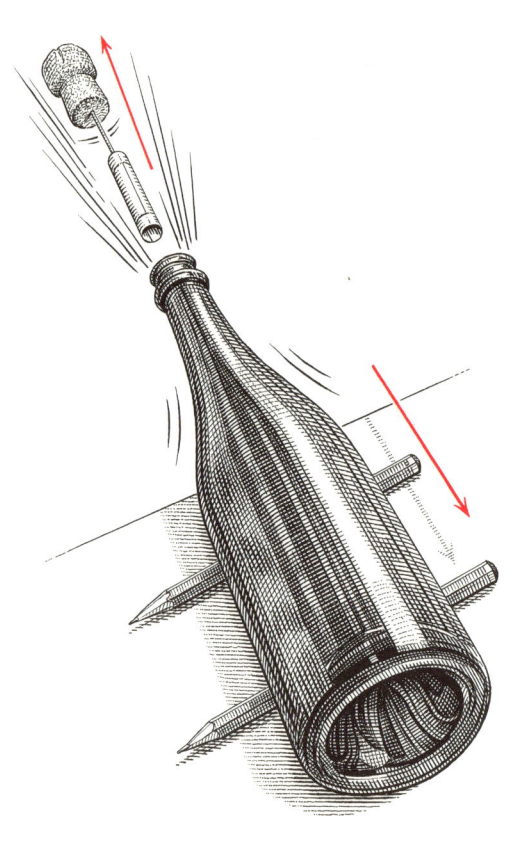

WENN DER GASTGEBER
DIE KORKEN KNALLEN LÄSST

BLÄSCHEN-
KANONE

IN DEN ROMANEN von P. G. Wodehouse würde sich die müßiggängerische Klientel des Drones Clubs einen Spaß wie diesen wohl noch vor dem Frühstück erlauben. Bei dieser Ehrensalve ist jedoch ein gewisses Maß an Planung vonnöten, was hauptsächlich an der Citronen- oder Weinsäure liegen dürfte, die eine wichtige Zutat dieses Ereignisses darstellt und noch immer den Gang zur Apotheke nötig macht. Ist es dafür zu spät, tut es Backpulver aber auch, das sich, wie Natron, in jeder gut ausgestatteten Küche finden lassen dürfte.

Füllen Sie eine leere Champagnerflasche zur Hälfte mit Wasser. Lösen Sie einen Esslöffel Natron darin auf. Geben Sie einen Teelöffel Weinsäure (oder die doppelte Menge Backpulver) auf die Spielkarte, rollen Sie sie auf und verstopfen Sie die Enden mit dem Küchenpapier. Befestigen Sie ein wenig Schnur an Ihre patronenartige Erfindung und kleben Sie alles zusammen. Das andere Ende der Schnur sollte um die Reißzwecke gewickelt und diese wiederum in den Boden des Weinkorkens gedrückt werden. Achten Sie darauf, dass die Patrone über dem Wasser baumelt und ihr Inhalt nicht herausrieseln kann.

Legen Sie die Flasche erst auf die Seite, wenn Sie so weit sind. Für die volle Wucht des Salutschusses können Sie die Flasche auch auf zwei parallel ausgerichtete Bleistifte legen. Wenn das Wasser in die Patrone gelangt, löst sich das Backpulver auf und Kohlensäuregas entsteht, das den Korken explosionsartig aus der Flasche katapultiert, die wie eine abgefeuerte Kanone auf den Bleistiften ein Stück nach hinten rollen wird.

DRAUFGÄNGER

verwenden die doppelte Menge Pulver.

KORKEN-
GABEL-
KARUSSELL

HILFSMITTEL

Essteller, drei Korken, Flasche Wein,
vier Gabeln und eine stabile Nadel

DIESES SCHWUNGVOLLE EXPERIMENT wirkt so befremdlich, dass es nur aus der Vergangenheit stammen kann. Im Zeitalter der Aufklärung, als Newtons physikalische Gesetze noch knackfrisch waren und Porzellanmanufakturen langsam die Mittelschicht ins Visier zu nehmen begannen, gestalteten sich Dinner-Experimente mindestens so verworren wie die Frage, wie viele Engel auf einen Stecknadelkopf tanzen können. Weniger schwungvolle Seelen sollten diesen Trick daher bei einem Picknick und mit Campinggeschirr ausprobieren.

So wie Drehteller ins Trudeln kommen, wenn sie langsamer werden, hängt bei dieser Apparatur alles von der Geschwindigkeit der Drehbewegung ab, sprich vom Schwung. Stecken Sie eine Nadel mit dem Auge voran vorsichtig in einen Korken, der bereits in der Flasche steckt. Schneiden Sie die anderen beiden Korken der Länge nach entzwei und stecken Sie die Zinken der Gabeln in die flachen Enden der Korken. Wichtig ist, dass die Zinken spitz sind. Verteilen Sie die aufgegabelten Korken in gleichmäßigen Abständen auf dem Teller, sodass die Gabeln leicht abgewinkelt herunterbaumeln.

Stellen Sie den Teller auf die Nadel und drehen sie ihn, während Sie nach dem Drehpunkt suchen. Zweck der Nadel ist es, so wenig Reibung wie möglich zu verursachen und die Drehgeschwindigkeit zu erhöhen. Mehr Geschwindigkeit bedeutet mehr Stabilität. Ach, und bitte: kein Campinggeschirr.

DRAUFGÄNGER

schicken Steakmesser und gutes Porzellan auf eine aufregende Reise.

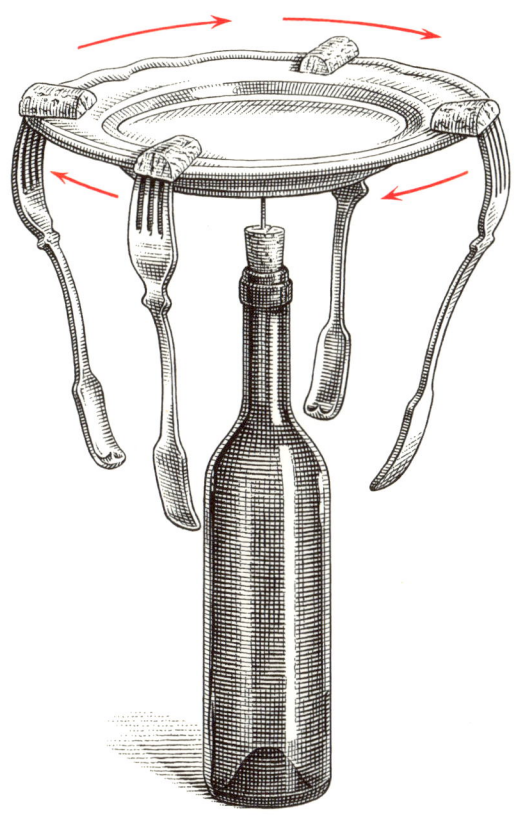

WENN DER GASTGEBER
DEN DREH RAUS HAT

Laurence King Verlag GmbH
Jablonskistr. 27, 10405 Berlin
www.laurencekingverlag.de

Laurence King Publishing ist ein Imprint von
The Orion Publishing Group Ltd
Carmelite House, 50 Victoria Embankment
London EC4Y 0DZ

einem Unternehmen von Hachette UK

ISBN 978-3-96244-148-7
1. Auflage 2021
Hergestellt in China von C&C Offset Printing Co. Ltd.

*Die Experimente in diesem Buch setzen ein gewisses Maß an
gesundem Menschenverstand, Sorgfalt und Vorsicht voraus.
Der Laurence King Verlag und die Autoren lehnen jede Haftung
für Verletzungen oder Schäden ab, die sich aus dem Gebrauch
oder Missbrauch der hier präsentierten Informationen ergeben. Ihre
Sicherheit – sowie Ihre Reinigungsrechnung – obliegt allein Ihnen.*

Laurence King Publishing setzt sich für ethische und nachhaltige
Produktion ein. Wir sind stolzes Mitglied des Book Chain Project ®.
bookchainproject.com

www.laurenceking.com
www.orionbooks.co.uk